U0111055

大展好書　好書大展

品嘗好書　冠群可期

大展好書　好書大展
品嘗好書　冠群可期

藝術大觀 5

古 今 蘭花名品

修訂版

陳 治 棟

劉 守 松

王 長 華

編著

品冠文化出版社

國家圖書館出版品預行編目(CIP)資料

古今蘭花名品 / 陳 治 棟、劉守松、王長華主編.
——初版.——臺北市：品冠文化，2016 [民 105.08]
面； 公分—（藝術大觀；5）
ISBN 978-986-5734-48-0（平裝）

1. 蘭花

435.431 105009968

古今蘭花名品 修訂版

主　　編／陳 治 棟、劉 守 松、王 長 華
責任編輯／劉 三 珊
發 行 人／蔡 孟 甫
出 版 者／品冠文化出版社
社　　址／臺北市北投區（石牌）致遠一路 2 段 12 巷 1 號
電　　話／（02）28233123，28236031，28236033
傳　　真／（02）28272069
郵政劃撥／19346241
網　　址／www.dah-jaan.com.tw
E-mail／service@dah-jann.com.tw
登 記 證／北市建一字第 227242 號
承 印 者／凌祥彩色印刷有限公司
裝　　訂／眾友企業公司
排 版 者／菩薩蠻數位文化有限公司
授 權 者／安徽科學技術出版社
初版 1 刷／2016 年（民 105 年）8 月

定價／550 元

很久很久以前，在一個深山的溝壑之中，一朵寸許大小的花，在微風的吹拂下顫動著，發出陣陣的幽香。她，無人自芳，簡直是君子之風的生動寫照！於是她走進了人們的視野，走進了人們的精神世界。她，就是蘭花。

　　蘭花（即人們通常所指的中國蘭花）是一種人格化的花。對於她，人們有著一種特殊情感，有著一種獨特的審美情趣。人們對蘭花香、形、色的欣賞，是極為精細考究的。這種欣賞的內容與品位的評判標準也是隨著時代發展而變化的。傳統的蘭花欣賞強調花形正格端秀、花色素雅清麗，瓣形以似荷或梅或水仙為上，花色則以素為貴。故傳統名品中，瓣型花（春蘭）和素心花（建蘭）居多。同時，古代賞蘭注重花香，這也許是古代的墨客隱士心態閒適，可在香氣氤氳之中，靜靜感悟為人為文之道。時至今日，隨著社會的發展，經濟的繁榮，人們生活節奏的加快，以及審美情趣取向的多元化和複合化，對蘭花的欣賞內容也發生了一些變化：既賞瓣型花，也賞奇花；既賞素心，也賞色花、複色花；既賞花藝，也賞葉藝。此外，還特別喜好花葉雙藝品。這種複合多元的欣賞取向，是蘭文化發展的必然趨勢。

　　對蘭花的欣賞既體現出強烈的時代性，同時也明顯地體現出地域性。中國各地原生及蒔養蘭花種類不同，各地民風習俗不同，在對蘭花的欣賞上也得到體現：江浙的春蕙蘭欣賞，較注重瓣型的規範，積累了一大批經典的瓣型花；雲南的蓮瓣蘭及四川的春劍，一些品種開發較晚，因此素心、色花、蝶花、奇花並舉；福建的建蘭，傳統品種以素心品著稱；台灣的墨蘭，則把葉藝品的欣賞推到了一個相當完美的境地。同時，不同種類、不同地區的蘭花欣賞也出現了移植、交融的現象，例如春蕙蘭花種也選育了一些葉藝品，墨蘭也擁有不少瓣型花。

　　處於不同時代、不同地域的蘭花喜好者，對照自己心中的審美標準，選育出

Preface

眾多的蘭花名品和佳品。早在南宋末年（1233 年），趙時庚的《金漳蘭譜》（世界第一部蘭花專著）就記述了當時福建的紫蘭（即墨蘭）16 種、白蘭（即素心建蘭）19 種。當然，這部圖書是以文字的形式記載的。至民國時期（1923 年），吳恩元的《蘭蕙小史》收錄有 100 多種蘭花名品的照片及圖畫。至此，人們在蘭花的非花期或非產地，也可以欣賞到蘭花的形態，但蘭花的色彩還是無法欣賞到。直至現代，影像技術的發展，使人們可以透過彩圖，較真實地領略蘭花名品的風采了。

　　本書以彩圖及文字扼要點評的方式，介紹了蘭花名品近 700 種，包括傳統經典名品及現代時尚新品。透過這些名品，人們可以看到蘭花世界的精彩與豐富。

　　參加本書編寫和照片拍攝的還有：江大平、林勇、張書昆、劉玉如、沈榮、張一峰、林麗、黃文生、王品水、林之梅、鄭丹、張秋生、林曉風、唐傑華、王一明、許欣、何友輝、陳傑平、劉家偉等。特別需要說明的是，本書的編寫得到全國各地蘭花主產區的蘭家蘭友的幫助：廣東遠東國蘭有限公司陳少敏，雲南中國蓮瓣蘭樣品園碧龍蘭苑李映龍，四川成都 555 植園伍志宏、棕樹林蘭苑袁慎先、成都天府蘭花有限公司宋世平、瀘州蘭田何咸陽、成都武侯李正宣，浙江世代蘭苑諸偉祥、文秀蘭園葛偉文、湘華蘭圃鄭普法、蘭溪蘭花村黃振紅、新昌儒岙潘新仁、金輝蘭苑潘金輝，福建日旺蘭苑王仲琳，江西友誼蘭苑潘頌和，貴州赫章朱世傑，湖北楚韻蘭苑謝文照，等等，均給予大力支持。在此，表示衷心的感謝！

作者

可出荷瓣；葉頭部有 V 形溝槽，出上品荷。葉頭尖，葉呈 U 形或 V 形，邊葉呈魚肚形，鋸刺較粗，腳殼尖呈白色米粒狀（俗稱白頭），葉腳薄硬，可出梅瓣。

芽：春蕙蘭，葉尖頂部呈白色米粒狀，很大可能為水仙瓣或梅瓣（蕙蘭還可能為蝶花）。剛露出的芽，沙暈（散佈筋紋間細如塵埃微點，稱沙；密集如濃煙重霧者，稱暈）滿佈，芽形飽滿，形似珠蓮或半球突圓，頭重腳輕，不論護芽膜殼尖長與否，極大可能出瓣型花。

花蕾：花蕾出土 1 個月左右，鼓大緊圓，多出瓣型花或奇異花。用手摸花蕾，如感覺上半部虛空頂平，可能為梅瓣。《蘭蕙鏡》中說，花蕾內花芽圓形如桂圓核的，多半出梅瓣；花蕾形似橄欖，多出荷瓣。

殼：殼上筋紋細糯，通梢達頂，且有沙暈，可能出瓣型花。凡短梢殼中部的色彩濃而厚，鋒尖有肉鉤，苞尖又呈鵲嘴形，大多出梅瓣、水仙瓣。如殼長而苞尖呈鈍形，多數出荷形水仙瓣。「筋粗厚殼，屢出荷花，不論赤綠，一樣看法，如落盆幾日，能起沙暈，就可望異。」（驗素歌訣）蕙蘭葉鞘腹部筋紋間佈滿沙暈，似圓珠突出，且光澤不十分明亮，很大可能出梅瓣、水仙瓣。

色花

葉片：葉片爪藝，可能出爪藝複色花（嘴花）；覆輪藝，可能出覆輪花；中縞、中透藝，可能出中透花；葉上水晶不大明亮者，易出水晶花。除複色花及水晶花外，國蘭的成熟葉片與花色之間的相關性並不十分明顯。但洋蘭中的蝴蝶蘭，葉色與花色之間的相關性十分明顯：葉片帶紅暈（葉背比葉面顯，幼葉比成熟葉明顯），開紅花；葉片淨綠色，則開白花。

芽：新芽色澤鮮豔。紅花，芽色一般為紅色、黃色或白色。芽潔白泛淺紅色筋紋，多開水紅、粉紅、白底泛紅色筋紋的豔色花；芽色蠟黃，展葉後葉色由橙黃逐漸轉淡綠，但間有不很明顯的淡黃斑塊，多開鮮紅色花。赤綠色或水銀紅殼類，芽尖呈微紅色；赤殼類的芽尖均呈紅紫色。複色花的芽色彩黃綠或白綠或紅綠相伴，色質斑斕。

● 蝴蝶蘭葉片帶紅暈的開紅色花

● 新娘葉鞘帶紅筋泛紅暈的開紅色花

● 桃姬芽色淡紅的開桃紅色花　● 矯鶴葉鞘棕紅色的開紅色花　● 春蘭新品（黃素）花蕾帶黃色

　　花蕾：蕾殼色重及麻沙濃烈，多出彩花、色花、濃麻花。

　　殼：色彩濃重，或麻色深，出彩花、色花。墨蘭桃紅色和淡紅色（肉色）葉鞘，開桃紅色花；棕紅色葉鞘，開紅色花，且葉鞘色愈深，花色亦愈深；淡黃（不帶綠帽子）葉鞘，多開黃花。

素心

　　芽：白綠色，一般出綠花或素心花。紅則全紅，黃則全黃。

　　花蕾：色質純或麻色淡，多出素花或淡麻色花。

　　殼：綠筋綠殼或白殼綠筋或白殼白筋，筋紋條條通梢達頂，苞殼周身透徹，或有柔和沙暈，出素心可能性較大。如：「綠殼周身掛綠筋，綠筋透頂細分明，真青霞暈如煙護，確是真傳定素心。」「綠筋忌亮，需要有沙暈，必如煙霞，筋宜透頂小蕊，在仰朵時，日光照之如水晶者，素；昏暗者非是。」「白殼綠飛尖綠透頂，沙暈滿衣，此種定素。」「老色銀紅煙暈遮，鋒頭淡綠最堪誇。紫筋透頂鈴如粉，定是胎全素不差。」（驗素歌訣）但不少墨蘭殼青而帶白，卻開綠梗色花，此為特例。

蝶花

　　芽：芽尖有白頭，也可能出蝶花。

　　葉片：蝶花的葉片關鍵看葉刺和中脈以及葉腳白頭。外蝶，葉尾刺較粗，兩邊都有；中脈偏一邊，偏得越多，蝶化程度越高；葉腳有白頭。蕊蝶與外蝶不同之處是葉刺一邊生。

　　花蕾：佈滿沙暈異彩，強烈起茸、起皺，多出蝶花。排鈴時，可從花苞看到半唇瓣化部分。

● 鐵骨銀針芽淨綠，開素花

古今蘭花名品

奇 花

葉片：春蘭或葉細硬，或葉脈偏一邊，或中脈有刺，不一而足。

花蕾：形狀奇特、怪異，可能出奇花。多唇瓣奇花，花苞飽滿且在外表面產生不均衡外突，尤其在鳳眼處可看到唇瓣的下唇外露部分。

殼：如麻（不通梢達頂的短筋）麻之間空闊稀疏，且佈滿異彩沙暈，往往多出奇瓣或異種素心瓣。

根：根節，分叉呈鹿角狀，有可能開奇花。

水晶蘭

芽：明麗似玉，虯蜷多姿，如龍似鳳。

● 水晶藝早在葉芽中即可辨識（墨蘭奇異水晶）

● 建蘭下山新品花芽殼帶紅暈，開彩心花

線藝蘭

葉片：葉背有銀線，且越多越好。銀線呈粉白色，「浮」在葉背上，其實是由許許多多若隱若現的極細小的銀白色線段組成。銀線若在中骨上及兩側，可能出中透藝；若在中骨兩側及副骨之內，可能出中斑藝或中透縞藝；若在葉片邊緣，呈銀覆輪狀，可能出爪藝。銀線以靠近葉頂部分為佳，續變力更強。懸針角（或稱鼻龍）大，且在懸針角內有透亮的斑縞，為出藝的徵兆。〔葉尖端一段（約1公分）的中脈，稱懸針；懸針兩側色澤因紺帽子（綠帽子）的色澤而變得透亮，呈半透明淺綠或白色或黃色，這透亮部分在葉尖處形成一個角度，即為懸針角。〕此外，主脈一代代透明加寬，也可能出好藝向。

芽：隱約可出葉藝的斑紋。春劍多在出土時呈白玉色芽上帶一桃紅色「帽子」，此「帽子」消失得越遲，則藝性越好，越有可能為花葉雙藝品。

葉鞘：如前路爪藝帶垂線，且仔芽的葉鞘斑紋出尾，則可能進化到爪斑縞或深爪藝；如前路葉背帶銀，且仔芽葉鞘呈非綠色，可能出斑縞藝；仔芽葉鞘呈桃紅色，常出較佳的進化品。最上面的葉鞘葉藝如比最下面的好，則有進化潛力，下代新苗有可能葉藝更佳。

奇葉蘭、葉藝蘭

葉片：短、厚、闊，葉面起皺，主脈明亮。

葉鞘：葉鞘的多寡、高矮與葉片的長度及株高有關。葉長一般為葉鞘長度的 6～7 倍。矮種蘭的葉鞘數多為 3 片，不超過 4 片。

根：同一品種，根系短而粗，可能出矮種。

● 葉藝蘭的藝向從芽中依稀可辨（萬代福）　　● 奇葉蘭在葉芽中不難看出（墨蘭下山新品）

二 名品品賞

從前述的蘭花賞點中可知：名品或為瓣型花，或為素心花，或為色花，或為蝶花，或為奇花，或為線藝蘭，或為株藝蘭，甚至為雙藝蘭、多藝蘭。

以下分述各欣賞類型蘭花的鑑賞要訣。

（一）瓣型花

瓣型花是指瓣形和花的形態或似梅花或似荷花或似水仙。此種花長期以來深受蘭家推崇。最先在春蕙蘭中有此說，後在各種類（如建蘭、墨蘭等）中也得到推廣。

古今蘭花名品

梅 瓣

必須滿足以下條件：

☑ **萼片圓頭、緊邊**。圓頭即萼片頂部呈弧形，過渡柔順。緊邊即瓣緣收縮，呈向裏扣捲狀。萼片以短圓為佳，但長腳圓頭也可視為梅瓣。

☑ **捧瓣起兜**。即瓣緣肉質化增厚（俗稱白峰、白頭），並內扣呈口袋狀。這是判斷是否梅瓣的重要標準。捧瓣沒有起兜絕不可稱梅瓣。捧瓣以蠶蛾捧為佳。

☑ **唇瓣短圓，且不後捲**。如前兩個條件具備，但唇瓣過大或後捲，則只能歸為梅形水仙瓣。梅瓣以劉海舌、如意舌為佳。

蘭花捧瓣有蠶蛾捧、觀音捧、蚌殼捧、短圓捧、蒲扇捧、剪刀捧和貓耳捧等等之分。這些捧名是根據捧瓣的形狀而命名的。如：蠶蛾捧，因其捧瓣起兜，捧端部肥厚且光潔，看起來像蠶蛾狀，故名（有硬軟之分）；觀音捧比蠶蛾捧長些，形似觀音風帽；蚌殼捧，即捧瓣呈空蚌殼狀內凹外隆；短圓捧，捧瓣短而圓，且瓣背弧形較大；蒲扇捧，與短圓捧相似，但瓣背弧度較小；剪刀捧，捧瓣呈剪刀狀；貓耳捧，捧瓣前部向外翻，形似貓耳。

蘭花唇瓣有劉海舌、如意舌、大圓舌、龍吞舌、大捲舌和大鋪舌等等之分。其命名也是因形而得。如：劉海舌，圓正規整，頂部微向上並起微兜，形似仙童劉海；如意舌，舌平持掛不捲，頂端上翹起兜，如玉器如意之形；大圓舌，舌大而圓，微微下傾；龍吞舌，舌硬而不舒，舌尖緣部呈內凹微兜狀；大捲舌，舌長而後捲；大鋪舌，舌比大圓舌稍大而長，且呈下拖狀。

● **梅瓣典範 - 春蘭宋梅**
—— 黃振紅 蔣養

必須滿足以下條件：

☑ 萼片質厚、寬闊且收根放角。收根，即從萼片前部或中部開始，往基部逐漸變窄。放角，即在收根的同時，從萼片中部往頂部方向先是逐漸變寬，然後在接近頂部處開始突然變窄，使兩邊形成鈍角。

☑ 捧瓣短圓，不起兜。捧瓣如起兜，應歸入梅瓣或水仙瓣。捧瓣以緊抱蕊柱為佳（如蚌殼捧、短圓捧），開天窗（即捧瓣較直立，蕊柱暴露無遺）則次之。

☑ 萼片寬闊，舒展或微捲。以大劉海舌、大圓舌為佳。

水仙瓣

必須滿足以下條件：

☑ 萼片頂部稍尖、頭不圓，但要收根放角，即萼片較長，呈菱形或近菱形。如收根放角不明顯，只能歸入竹葉瓣（不入品）。

☑ 捧瓣或多或少起兜。以觀音捧、蒲扇捧為佳。

☑ 唇瓣較大，下垂或微後捲。對於唇瓣的要求較之梅瓣或荷瓣放寬。

　　在水仙瓣中，如萼片頭較圓，有些梅瓣的意味，則可稱為梅形水仙瓣；如萼片較寬闊，有些荷瓣的風韻，則可稱為荷形水仙瓣。

古今蘭花名品

● 荷瓣典範：春蘭大富貴（諸偉祥　蒔養）

● 水仙瓣典範：春蘭汪字（諸偉祥　蒔養）

● 鳳型水晶藝（墨蘭來朝）

● 龍型水晶藝 ——建蘭水晶龍（陳少敏蒔養）

（九）奇葉蘭

　　蘭花的葉形或葉質變異，產生捲曲、旋轉、皺褶，或增厚，稱奇葉。如出現與葉平行的縱向溝槽或縱向皺褶，且葉質略有增厚，稱行龍。

● 奇葉（旋轉葉）（春蘭新品）

● 奇葉（行龍葉）（墨蘭文山佳龍）

（十）株藝蘭

蘭花株形發生變異，且有觀賞價值，稱株藝。常見株藝蘭為矮種。其中以台灣產達摩最為知名。

● 株藝蘭（矮種）（墨蘭達摩冠）

（十一）雙藝或多藝蘭

蘭花的花朵具有一個賞點（或稱藝），而葉片上亦有一個賞點（藝），則稱花葉雙藝。花葉兼有賞點，且花朵或葉片上的賞點不止一個，則可稱花葉多藝。以此類推，蘭花的花朵具有兩個（如荷瓣加素心）或兩個以上賞點，稱花雙藝或花多藝；葉片上具有兩個（如縞藝加爪藝）或兩個以上的賞點，稱葉雙藝或葉多藝。近年來，蘭花的鑑賞逐漸向複合化、多元化方向發展，因此雙藝蘭或多藝蘭備受關注。

● 花雙藝（瓣型花加色花）
（春蘭皇冠）

● 花葉雙藝（複色花加線藝）
（春蘭大雪嶺　葛偉文　蒔養）

一 梅 瓣

宋梅 清乾隆年間，由浙江紹興宋錦旋選育，故名。梅瓣典範。圓頭萼片，蠶蛾捧，劉海舌。為「四大天王」之首。（江大平拍攝）

集圓 又叫「老十圓」。由清道光末年的一位高僧選育。萼片著根結圓，故名。蠶蛾捧，頭部有淺紫紅暈。小劉海舌，梅瓣。花形常變化，有時開梅形水仙瓣。（諸偉祥蒔養）

梅瓣新品 梅瓣。花色黃潤。（李映龍蒔養）

賀神梅 又叫「鸚哥梅」。萼片圓頭、收根、緊邊，觀音捧，劉海舌。（張書昆拍攝）

綠英 清光緒年間，由蘇州顧翔宵選育。綠花青梗。萼片頭圓、收根細，蠶蛾捧，大如意舌。（林勇拍攝）

廿七梅 20世紀70年代，浙江紹興孫廿七選得，故名。萼片收根放角，主萼片呈上蓋狀；軟兜捧，小劉海舌。（江大平拍攝）

梁溪梅 民國初年，產於蘇州，後由無錫人購得，便以「梁溪」（無錫舊稱）命名。萼片短圓，尖部有小凹陷；蠶蛾捧，劉海舌。（劉玉如拍攝）

瑞梅 抗戰時期產於浙江紹興，後由蘇州謝瑞山購得，將其命名為「瑞梅」。萼片緊圓，有尖鋒；蠶蛾捧，劉海舌。（江大平拍攝）

萬字 又叫「鴛湖第一梅」。清同治年間，杭州萬家花園選育，故名。萼片短圓，頂部有尖鋒。蠶蛾捧，前端有微紅點；小如意舌。為「四大天王」之一。（諸偉祥蒔養）

紅躍梅 20世紀80年代，由浙江紹興徐紅躍選得，故名。因其花形與宋梅有些相似，故又有「紅宋梅」之稱。萼片比宋梅稍長，一字肩；蠶蛾捧；舌瓣比宋梅稍小，為小如意舌。（張書昆拍攝）

天合梅 萼片近圓形。花色淡黃綠，布紅脈紋，花質晶瑩透亮。（張一峰拍攝）

臨海神梅 梅瓣，花質糯潤。（張書昆拍攝）

春君梅 下山新品。萼片短闊，似桃形；觀音捧，大如意舌。（潘金輝蒔養）

荊楚雪梅 梅瓣，花質糯潤。（謝文照蒔養）

豆瓣大梅 花形圓結，梅形花。（李映龍蒔養）　　**文晴梅** 梅瓣，萼片端部收捲成尖形。（葛偉文選育）

二 荷 瓣

鄭同荷 又叫「大富貴」、「團荷」。清宣統元年在上海花窖中選育。春蘭荷瓣典範。萼片厚實糯潤，收根放角、緊邊，平肩；短圓捧，劉海舌。（陳少敏蒔養）　　**大魁荷** 萼片長橢圓形，落肩；蚌殼捧，大圓捲舌。（張書昆拍攝）

翠蓋荷 清光緒年間產於紹興。因花色翠綠，被認為是蓋世無雙的荷瓣花，故名。萼片短闊，磬口捧，大圓舌。花呈半開狀態。（林東拍攝）

勝利大荷 萼片短圓、緊邊收根，蚌殼捧；大圓舌，舌上具紫紅色塊。花色翠綠。（諸偉祥供照）

天一荷 20世紀80年代選育，蒔養者認為它是「天下數一」的荷瓣新品，故名。萼片短闊、收根放角，蚌殼捧，大圓舌。（諸偉祥供照）

蒙山荷 產於四川的荷瓣新品。（胡華仙、李正宣蒔養）

鴻瑞荷 萼片短闊、收根放角，蚌殼捧合抱蕊柱；大圓舌，其上鑲U形紅斑。花色翠綠。（諸偉祥供照）

常樂荷 萼片短圓、收根放角，短圓蚌殼捧，大圓舌。（諸偉祥供照）

賀春 荷瓣，花大朵。（李映龍蒔養）

文雲荷 荷瓣新品。（葛偉文選育）

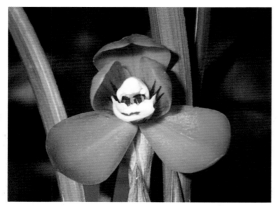

環球荷鼎 20 世紀 20 年代，產於浙江上虞縣。萼片短圓、強烈收根，蚌殼捧，小劉海舌。花色綠中泛紫紅。（諸偉祥蒔養）

碧玉圓荷 萼片短圓，蚌殼捧，大圓舌。（李錦烈蒔養）

京興荷 萼片短闊、收根放角，蚌殼捧，大劉海舌。花色翠綠。花期特長。（諸偉祥供照）

紅陽春 荷瓣，萼片中脈拉朱絲，捧瓣內側基部紅色。（何咸陽蒔養）

江陽奇荷 荷瓣，捧瓣常出 3 枚。（何咸陽蒔養）

皇冠 規範荷瓣，花色鵝黃，為花雙藝品。

新荷 萼片短闊、收根放角，捧瓣合抱蕊柱，舌小。（鄭普法蒔養）

秀荷 萼片收根放角，側萼片呈合抱狀，主萼片呈上蓋狀；捧瓣短圓，合抱蕊柱；舌瓣後捲。（沈榮拍攝）

三 水 仙 瓣

汪字 清康熙年間，由浙江奉化汪克明選育。為水仙瓣典範。萼片長腳、圓頭，一字肩；兜狀捧，圓舌。（張一峰拍攝）

彩荷仙　萼片收根放角，蚌殼捧稍起兜，大如意舌。綠花泛紅暈。（潘金輝蒔養）

龍字　又叫「姚一色」。春蘭「四大天王」之一，為荷形水仙瓣典範。萼片稍長，呈合抱狀；觀音捧，大鋪舌。

春一品　清同治年間，由上海姚氏選育，故又有「姚氏春一品」之名。萼片長腳、圓頭，觀音捧，劉海舌。（林東拍攝）

西神梅　1912年由無錫榮文卿選育。梅形水仙瓣典範。萼片寬闊、頭圓，蒲扇捧；大劉海舌，舌上有一紅點。（黃振紅蒔養）

逸品　1915年由杭州汪登科選育。另有一說，稱民國初年發現於浙江寧波。梅形水仙瓣。萼片長腳、圓頭，平肩，呈合抱狀；挖耳捧，小圓舌。

飛蝶　萼片飄捲，貓耳捧外翻，舌捲。（潘新仁蒔養）

宜春仙 1923 年由浙江紹興阿香選育。萼片長腳，圓頭，瓣中脈有一紅筋；軟觀音捧，大圓舌。（諸偉祥供照）

汪笑春 早年流入日本，1993 年後重新引回。萼片長橢圓形，貓耳捧向外翻飛，頂部有一淡紅斑點；圓舌。（諸偉祥供照）

後十圓 與翠一品相似，但劉海舌上的紅點較翠一品的紅點散亂。也有人認為本種係翠一品的同種異名。（林東拍攝）

楊春仙 萼片長腳、收根、圓頭、緊邊，軟蠶蛾捧，小圓舌。（諸偉祥供照）

嘉隆 傳說 1920 年由江蘇崑山選育。萼片長腳、圓頭、收根細，軟蠶蛾捧，大圓舌。（諸偉祥供照）

翠一品 傳統名品。萼片收根，頂部稍飄；蒲扇捧，圓舌。（諸偉祥蒔養）

漓渚第一仙 又叫「江南第一仙」。產於江西貴沃山。萼片短圓、瓣肉厚，半硬捧；舌瓣稍後捲，紅斑豔麗。（諸偉祥供照）

水仙新品 萼片較狹長，捧瓣合抱蕊柱，舌圓。（葛偉文選育）

新光梅 下山新品，梅形水仙瓣。（潘金輝蒔養）

飄門水仙 萼片長腳、收根、皺捲。（張書昆拍攝）

下山新梅 水仙瓣新品，產於貴州。（伍志宏蒔養）

安州仙 萼片長腳、收根放角，捧瓣稍合抱蕊柱，舌後捲。花色綠中泛紅暈。（林東拍攝）

古今蘭花名品

新州仙 水仙瓣，綠花中佈紅脈紋。（劉玉如拍攝）

鶴市 萼片闊大、緊邊收根，半硬蠶蛾捧，分頭合背，如意舌。（諸偉祥供照）

鴻瑞仙 萼片桃形，蚌殼捧，大圓舌。（諸偉祥供照）

王新梅 梅形水仙瓣。萼片長腳、圓頭、緊邊，軟蠶蛾捧，舌大。（諸偉祥供照）

喜迎春 萼片收根放角，觀音捧，劉海舌。（諸偉祥供照）

天童素 民國初年選育於浙江寧波天童山。綠花白舌，花容端莊。（諸偉祥供照）

蔡仙素 傳統名品。水仙瓣素心品。綠花白舌。萼片狹長，一字肩；蠶蛾捧，圓舌。（諸偉祥供照）

張荷素 又叫「大吉祥素」。綠花白舌。萼片長橢圓形，蚌殼捧，大鋪舌。（諸偉祥供照）

文團素 清道光年間，由江蘇蘇州周文段選育。綠花白舌。萼片較長（主萼片稍闊）、收根放角，剪刀捧，大劉海舌。（諸偉祥供照）

新文團素 在文團素選育之後，出現與其相似的品種，稱「新文團素」。（諸偉祥供照）

古今蘭花名品

楊氏荷素 1920 年選育。綠花白舌。萼片短圓、收根放角，淺兜蚌殼捧，大圓舌。（諸偉祥供照）

綠素 綠花白舌。（潘金輝蒔養）

綠舌 舌瓣綠色，為綠素心花。（潘金輝、潘新仁蒔養）

月佩素 綠花白舌。（張書昆拍攝）

玉梅素 據傳是清康熙年間選育於浙江紹興。綠花白舌。萼片長腳、圓頭、收根，觀音捧；舌瓣根兩腮緣偶有淡紅暈，為桃腮素。（諸偉祥供照）

香草素 1936 年無錫沈淵如選育。萼片長腳、圓頭、收根放角，淺蚌殼捧，大圓舌後捲。（諸偉祥供照）

蒼岩素 綠花白舌。萼片寬大，貓耳捧，大捲舌。（林東拍攝）

素心荷 綠黃花白舌，舌根稍有黃暈。（張書昆拍攝）

知足素梅 萼片圓頭，蠶蛾捧，素色劉海舌。（諸偉祥蒔養）

蔡梅素 清乾隆年間，由浙江蕭山蔡氏選育。萼片長腳、收根、圓頭、緊邊，捧瓣起兜，大圓舌。瓣質厚實且糯潤。為梅形水仙瓣之珍品。（諸偉祥供照）

西天如來 淡綠素花，蕊柱形似如來佛高坐蓮台，惟妙惟肖。（曹國才蒔養）

鶴裳素 綠花白舌。花大，萼片寬而先端緊縮。（林東拍攝）

古今蘭花名品

白玉素 全花白色,略帶胭脂色。(張一峰拍攝)

荷形素心 綠花白舌。(呂益松選育)

玉兔 綠花白舌。兩捧瓣似兔耳直立。(潘新仁蒔養)

同荷素 綠花白舌。(江大平拍攝)

祥荷素 赤殼素心。一字肩。大舌淨白,且久開不反捲。
(諸偉祥供照)

春蘭素心新品 綠花白舌,清新淡雅。(陳少敏蒔養)

富荷素 綠花白舌。萼片長腳、收根放角，短圓蚌殼捧，大劉海舌。（諸偉祥供照）

素心新品 麻殼素。（林東拍攝）

荷素 綠花黃白舌。萼片長腳、收根放角。（林東拍攝）

五　色　花

豆瓣複色 五瓣均為金黃色，帶綠嘴。（張一峰拍攝）

旭日東昇 花黃色。萼片有一鮮紅中脈，捧瓣內面亦為鮮紅色。（唐傑華拍攝）

黃花新春 花色金黃，萼片中脈有一紅線。（張書昆拍攝）

紅春蘭 花色鮮紅，花梗亦為紅色。（張一峰拍攝）

佛光 花色金黃，布紅筋。（伍志宏蒔養）

黃花 花色潤黃，主脈紅色隱約可見。（朱世傑蒔養）

金雞黃 四川色花名品，花色純正。（伍志宏蒔養）

荷形朱金紅 花大，花色朱金。（伍志宏蒔養）

新品色花 紅花白舌,其上具 U 形紅斑。(林東拍攝)

玉蜻蜓 花色潔白如玉。側萼片扭捲平伸,捧瓣高聳、頂部外翻,舌圓,花形似蜻蜓振翅飛翔。(張一峰拍攝)

金荷鼎 金黃色花。萼片長腳、收根,捧瓣合抱蕊柱,舌後捲。(張書昆拍攝)

春蘭紅花 主瓣及捧瓣鮮紅,萼片綠色泛紅暈。(朱世傑蒔養)

黑鬼 多瓣黑色奇花。(李映龍蒔養)

紅綠春蘭 花色黃綠,泛紅脈紋及紅暈。(張一峰拍攝)

古今蘭花名品

新紅龍字 紅花具深紅脈紋。（葛偉文選育）

黃帝 黃花，色彩格外豔麗。（李映龍蒔養）

玉彩蝶 萼片紅綠複色，鑲白邊，捧瓣稍蝶化。（張一峰拍攝）

紅舌春蘭 大圓舌上有一紅色半圓形紅斑塊，鮮豔奪目。（沈榮拍攝）

朱金春蘭 花色朱金，富麗堂皇。（張一峰拍攝）

天地紅 豆瓣金黃色花，布綠斑。（張書昆拍攝）

春蘭覆輪花 萼片長腳、收根，捧瓣合抱蕊柱，捲舌。五瓣均鑲黃紅色覆輪。（諸偉祥供照）

中透水晶 花水晶中透，葉具中透藝，為花葉雙藝品。（李映龍蒔養）

黑珍珠 全花黑色。（李映龍蒔養）

中華紅 豆瓣紅色花。（張勇拍攝）

綠爪 黃花綠爪。（俞陸友選育）

春蘭紅舌 花形一般，但大鋪舌中央有一大塊紅斑，格外醒目。（諸偉祥供照）

紅媚娘 花為胭脂色。（張一峰拍攝）

玉貓 萼片收根放角，貓耳捧，大捲舌。花被鑲晶亮白邊。（張書昆拍攝）

荷形黃花 花黃色，捧瓣基部有 3 條短紅筋。（伍志宏蒔養）

六 蝶 花

珍蝶 萼片短圓，約 2/3 蝶化，主萼片與捧瓣合抱成半圓形；大圓舌。（張書昆拍攝）

雙頭蕊蝶 貓耳捧蝶化。（林東拍攝）

虎蕊蝶 又叫虎蝶。捧瓣完全蝶化，紅心白覆輪。
（潘金輝蒔養）

小蝴蝶 20世紀20年代由浙江紹興曹炳卿選育。萼片短闊，蚌殼
捧，白色大圓舌。（鄭普法蒔養、楊賢明拍攝）

碧瑤 捧瓣蝶化，其上有3條紅線。葉具水晶藝。（沈榮拍攝）

蕊蝶 捧瓣兩邊蝶化。（唐杰華拍攝）

幸福蝶 蕊蝶。捧瓣蝶化。（林東拍攝）

新東蝶 萼片收根放角，短圓蚌殼捧，劉海舌。側萼片中脈蝶化，別具一格。（諸偉祥供照）

鄂荷蕊蝶 萼片收根放角，捧瓣蝶化。（謝文照蒔養）

漢蝶 側萼片蝶化。（謝文照蒔養）

四喜蝶 萼片常為 4 枚，捧瓣蝶化，舌瓣三四枚。（江大平拍攝）

簪蝶 萼片寬闊，主萼片直立，似古代女子髮髻上的簪子，故名。側萼片蝶化。大鋪舌。（諸偉祥供照）

荷蝶 荷形花外蝶。（潘金輝蒔養）

蕊蝶新品 捧瓣呈近等邊三角形，蝶化。（張書昆拍攝）

多星蝶 多瓣蝶化奇花。（伍志宏蒔養）

帝皇蝶 萼片短闊，主萼片緊靠短圓捧心，外形與珍蝶稍相似，但花色為黃。舌瓣上具 U 形紅斑。（林東拍攝）

黑虎 下山新品。捧瓣蝶化，鑲白覆輪，上部具紫紅大斑。舌下掛反捲。（沈榮 拍攝）

碧波梅蝶 萼片收根細，頂部呈凹陷狀。側萼片蝶化。捧瓣起兜，緊抱蕊柱。（林東拍攝）

冠祥蝶 側萼片下部 1/2 蝶化。（諸偉祥供照）

什錦蕊蝶 捧瓣蝶化。（沈榮拍攝）

金雲荷蝶 荷形花外蝶，色澤明麗。（潘金輝蒔養）

蓮台仙蝶 又名「捲龍喜蝶」。萼片上舉似蓮台，捧瓣蝶化。（伍志宏蒔養）

綠蕊蝶 捧瓣蝶化。（潘金輝蒔養）

三星蝶 捧瓣完全蝶化成舌瓣狀。（張一峰拍攝）

三星蝶　捧瓣完全蝶化。（張書昆拍攝）　　內蝶　直立的捧瓣蝶化。（張一峰拍攝）

豆瓣龍蝶　副萼片蝶化約一半，主萼片前傾，全花似小鳥振翅高飛。（李映龍蒔養）

紅貓　側萼片 1/3 蝶化，貓耳捧胭脂紅色。（伍志宏蒔養）

翠夢 捧瓣蝶化，具若斷若續的褐紅色粗線，鑲白邊。（沈榮拍攝）

豆瓣三星蝶 捧瓣完全蝶化。（葛偉文拍攝）

複色四喜豆瓣 多瓣蝶化奇花。內瓣（含舌瓣）為 4 瓣，且均蝶化。（張一峰拍攝）

複色奇蝶 捧瓣上側面蝶化。綠花布紅筋泛紅暈。（潘金輝蒔養）

七　奇　花

余蝴蝶　多瓣奇花，花瓣可達 20 餘枚，且常一梗兩花，似菊花怒放。（林東拍攝）

古今蘭花名品

玉玲瓏　多瓣多舌蝶化奇花。（江大平拍攝）

江陽禮花　多瓣多舌奇花。（何咸陽蒔養）

58

花下花 在正常花朵的舌瓣下方又長出數枚舌瓣，形成花下有花之態。（李映龍蒔養）

春蘭冠 多瓣多舌蝶化奇花。（何咸陽蒔養）

中華牡丹 多瓣奇花，色黃。
（張書昆拍攝）

雲龍奇蝶 多瓣蝶化奇花。捧瓣多達 5 瓣，且下方兩捧的上緣蝶化。（張一峰拍攝）

綠雲 清同治年間產於杭州。萼片可開四五瓣，捧瓣可達三四瓣，舌瓣兩三瓣，蕊柱兩三個。一般呈荷瓣花。萼片短闊、收根放角，蚌殼捧，劉海舌。（諸偉祥蒔養）

黑鳥嘴 外瓣瓣尖捲成針形，呈黑色，似鳥嘴。（朱世傑蒔養）

鎮新蝶 多瓣奇花，花瓣多達 10 餘枚。（諸偉祥供照）

春梅 萼片收根放角，呈菱形狀，無捧瓣、舌瓣。（張一峰拍攝）

三彩奇梅 萼片寬闊，虯曲似龍，捧瓣與蕊柱合為一體，無舌。（沈榮拍攝）

綠玫瑰 多瓣蝶化奇花。（李映龍蒔養）

X形春蘭 萼片4枚,呈X形。(伍志宏蒔養)

大白兔 產於貴州的多瓣奇花,花色乳白,花形似兔。(伍志宏蒔養)

碧龍春景 萼片增多,呈多層分佈,且蝶化。(李映龍蒔養)

玉麒麟 多瓣蝶化奇花。(張一峰拍攝)

菊血蝶 多瓣多舌蝶化奇花。(張書昆拍攝)

鴛鴦蝶 捧瓣蝶化且色彩多變。（葛偉文蒔養）

令箭 舌瓣萼片化，多瓣奇花，綠色。

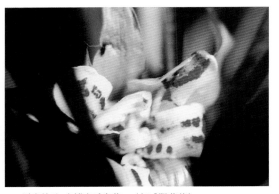

蜀南牡丹 多瓣多舌奇花。（何咸陽蒔養）

金雲牡丹 多瓣多舌蝶化奇花，花朝天綻放。（潘金輝蒔養）

六合綠球 多瓣多舌奇花，煞是好看。（陳少敏蒔養）

碧龍喜蝶 多瓣多舌奇花，仰天怒放。（李映龍蒔養）

古今蘭花名品

喜洋菊 花中開花，多瓣多舌多蕊柱奇花。（沈榮拍攝）　　**鄂紅奇蝶** 多瓣蝶化奇花。（謝文照蒔養）

六角奇蝶 多瓣多舌奇花。（潘新仁蒔養）

鳳羽 萼片的捧瓣邊緣出現羽狀缺刻，花色翠綠。
（劉玉如拍攝）

紅牡丹 多瓣雙舌紅花，似牡丹綻放。（天府蘭園蒔養）

彩虹　多瓣蝶化奇花，花色斑斕，似牡丹花。（張一峰拍攝）

多瓣奇蝶　多瓣蝶化奇花新品，其蝶化部分色彩與捧瓣內面的紅斑相映成趣。（潘新仁選育）

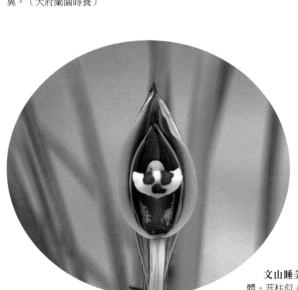

金蟬翼　萼片基部增生，且增生部分呈蝶化狀，具網狀紅線，似蟬翼。（天府蘭園蒔養）

江山多嬌　多瓣奇花，花中央增生多枚小花瓣。（林曉風拍攝）

文山睡美人　萼片、捧瓣均合攏在一起，形成兩個半橢圓體。蕊柱似人頭狀。（張一峰拍攝）

三江麒麟 豆瓣蘭多瓣多蕊柱奇花，似花中開花。（張一峰拍攝）

九頭鳥奇蝶 多瓣多舌蝶化奇花。（謝文照蒔養）

玉樹春蘭 多瓣樹形花。（潘金輝蒔養）

 八 葉藝、株藝

爪藝老集圓 傳統名品老集圓出爪，為花葉雙藝品。（陳少敏蒔養）

大雪嶺　春蘭葉藝，白中透藝。（林東拍攝）

水晶水仙　葉水晶行龍，花荷形水仙瓣且帶水晶。（潘金輝蒔養）

春蘭中透藝　黃色中透藝，藝體明麗。（劉玉如拍攝）

春蘭散斑　葉片具斑藝。（沈榮拍攝）

帝冠　葉具黃覆輪藝，花亦具黃覆輪藝。萼片長腳、收根，短圓捧，劉海舌。（林東拍攝）

銀晃　下山新品，藝色明麗。（潘新仁蒔養）

丹荷鼎 荷瓣，花色豔麗。早期蒔養者曾用此品換藥，故又名「藥草」。（李映龍蒔養）

蓮荷 捧瓣合抱，舌瓣小，荷瓣。（李映龍蒔養）

大理荷 紅梗白花，花荷形。（林之梅拍攝）

蔣馨荷 荷形花，花色白，花瓣上佈紅脈紋。（黃文生拍攝）

點蒼梅 萼片圓頭、長腳,故又名「長腳梅」。捧瓣稍增厚、起兜,如意舌。

玉龍梅 梅瓣,舌瓣上有兩個深紅色塊。(袁慎先蒔養)

麗江星荷 外瓣橢圓形,捧瓣稍開口,舌大、後捲,荷形花。(林之梅拍攝)

玉湖荷 萼片寬大,蚌殼捧,舌大、後捲。(江勇拍攝)

尚氏荷 荷瓣。(王品水拍攝)

點蒼荷 荷形花，花色藕芽紅。（黃文生拍攝）

大理荷瓣 荷形花，花色白中泛黃綠色。（林之梅拍攝）

 二 素心、色花

大雪素 滇蘭四大名花之一。白素花，花大。舌瓣有淺水跡印。（林之梅拍攝）

雪人 花大，荷瓣，素心，如冰雪美人。（黃文生拍攝）

紅舌頭 紅梗，白花，紅舌。（林之梅拍攝）

嶺南胭脂 花胭脂色，葉具覆輪藝，花葉雙藝品。（陳少敏蒔養）

蓮瓣素 白素花。（林之梅拍攝）

維西紅舌荷 荷形花，舌瓣具大紅色塊。（黃文生拍攝）

小雪素 滇蘭四大名花之一。產於雲南洱源。花、葉均比大雪素窄小，故名。白素花。舌瓣常扭曲。（王品水拍攝）

牙黃素 花色牙黃，舌瓣黃色更深。（江勇拍攝）

玉翠蓮瓣 花色翠綠，花質糯潤。（黃文生拍攝）

素荷 花色白綠，花質晶瑩，荷形。（王品水拍攝）

碧龍黃蓮 全花呈合抱狀，舌瓣較大且後捲，荷瓣。花色金黃。（李映龍蒔養）

桃腮白玉素 白素花。萼片較狹長，前部放角，荷形。（李映龍蒔養）

太白素 白素花。（林之梅拍攝）

蓮瓣素 全花白色泛綠。（林曉風拍攝）

炎素荷 荷形花，花色嫩綠。（王品水拍攝）

蓮瓣素 白素花，花形秀雅。（黃文生拍攝）

蓮瓣素奇 綠梗。花為淡綠素花，荷瓣。（林之梅拍攝）

蒔磬玉荷 荷形花，藕白色。（黃文生拍攝）

碧龍潔 全花如冰肌玉骨，潔白無瑕，白素花。（李映龍蒔養）

保荷素 綠梗，白素花。（江勇拍攝）

麻殼素 五瓣白色，泛淡紅暈，帶深色脈紋。舌瓣純白。（鄭月拍攝）

玉姬 白花，桃腮素。（鄭丹拍攝）

白雪公主 白素花。（鄭丹拍攝）

荷形素 綠梗，白素花。（王品水拍攝）

蒼山紅荷 荷形花，紅色。（黃文生拍攝）

朱絲金蓮 荷形花，外瓣拉朱絲，花色金黃。（黃文生拍攝）

雲龍梅 花紅綠複色，梅形。（王品水拍攝）

赤殻素 花紅綠複色。（王品水拍攝）

黃蓮瓣 黃色花，綠梗。（黃文生拍攝）

黑鳳凰 花色深紫黑。（江勇拍攝）

鴛鴦蓮 一葶中各朵花的形態或色彩各不相同，稱鴛鴦花。本品花色粉紅，但中間一朵色彩較其他豔麗，故名。

雪龍素 白素花。（黃文生拍攝）

牙黃素 花色牙黃，潔淨素雅。（江勇拍攝）

蓮瓣紅花 紅梗，紅花。（王品水拍攝）

春蕾 花粉紅，具深紅脈紋。（林之梅拍攝）

心心相印 荷形花，舌瓣具心形大紅塊。（王品水拍攝）

蓮瓣一品紅 胭脂紅花，飛肩。（江勇拍攝）

碧龍寶紅 花藕芽紅色，捧瓣中央有一大塊紅斑。
（李映龍蒔養）

無量紅荷 花粉紅，荷瓣。（王品水拍攝）

複色荷 花嫩綠，具水晶狀白色覆輪。（黃文生拍攝）

點蒼紅蓮 花色粉紅，花形欠佳。（林之
梅拍攝）

古 今

蘭花名品

龍女　白花紅舌。（江勇拍攝）

蓮瓣大荷素　素心，大荷瓣，為花雙藝品。（李映龍蒔養）

紅舌　舌瓣具心形大紅塊，白覆輪。（林之梅拍攝）

丹心　舌瓣中央有一大紅塊，花色紅綠，花形端莊。（鄭丹拍攝）

水晶梅　梅瓣水晶花，晶瑩剔透。（林之梅拍攝）

蓮瓣黃素　花色金黃，桃腮素。（王品水拍攝）

蒼山錦　小雪素出中斑縞藝，為花葉雙藝品。（陳少敏蒔養）

碧龍紅素　紅舌，捧瓣紅色鑲白覆輪，萼片中脈具紅線。（李映龍蒔養）

三　蝶花、奇花

熙鳳　三星蝶，萼片等角度伸出。花色乳白，略具透明質感。（李映龍蒔養）

玲瓏春曉　多舌奇花。外瓣竹葉瓣，貓耳捧，舌瓣 3 個。（黃文生拍攝）

劍陽蝶 荷形花，側萼片下側蝶化，為蓮瓣蘭蝶花珍品。（江勇拍攝）

蒼山奇蝶 又叫「朝天蝶」、「變臉蝶」。主萼片或捧瓣蝶化，蝶化部分肉質化。有時出現多舌。其蝶化部分、蝶化程度及花色變化多端。（王品水拍攝）

玉兔彩蝶 直立的捧瓣完全蝶化，鑲白覆輪，並肉質化。（林之梅拍攝）

麗江星蝶 高品位三星蝶。（王品水拍攝）

碧龍奇蝶 貓耳捧瓣蝶化，花質糯潤透亮。（李映龍蒔養）

桃園蝶 蓮瓣蘭三星蝶典範。（鄭丹拍攝）

品蝶 短圓捧瓣蝶化成舌瓣，全花似多舌無捧花形。（林之梅拍攝）

黃金海岸 又叫「領帶花」。複色多舌奇花。花紅綠複色,有數個舌瓣。(江勇拍攝)

蘭魂 多瓣奇花。花大,荷形,色澤俏麗。(王品水拍攝)

碧龍奇蓮 紅色奇花,舌瓣捧瓣化。花朝天開。(李映龍蒔養)

蘭菊 萼片狹長。捧瓣基部大,頂部收細,且外翻。五瓣頂部均向外翻捲。花形似菊。(黃文生拍攝)

六瓣奇花 捧瓣、舌瓣萼片化,全花似由6枚萼片組成。(王品水拍攝)

奇花素 捧瓣、舌瓣萼片化,形成6枚較大花瓣。蕊柱常花瓣化,形成許多捲曲的小花瓣,似花中開花。(林之梅拍攝)

奇花王 在花朵的花柄下增生多朵小花,形成子母花。(王品水拍攝)

古今蘭花名品

鶴陽牡丹 蝶化奇花。蕊柱變異成花瓣,捧瓣蝶化。全花紅裏透黃。(鄭丹拍攝)

碧龍寶蓮 多瓣多舌多蕊柱奇花,似數花聚集而成。(李映龍蒔養)

皇冠蝶 花瓣狹長,兩側合捲,邊緣略蝶化,具水晶質感。花朝前,開張不完全,花形呈皇冠狀。(林之梅拍攝)

碧龍菊 菊瓣奇花,朝天怒放。(李映龍蒔養)

三江藝冠 多瓣多舌奇花,黃綠複色。(黃文生拍攝)

香祖素菊 多瓣素花，高潔秀雅。（鄭月拍攝）

蓮瓣繡球 多瓣多蕊柱奇花，花形似繡球狀。（江勇拍攝）

第4章 | 春劍名品

一 瓣型花

梅瓣樹形花 萼片短圓、收根、緊邊，捧瓣與蕊柱合為一體，舌瓣蕊柱化。花質糯潤似玉。（張秋生拍攝）

碧龍春劍荷 春劍荷形花。（李映龍蒔養）

春劍梅瓣 綠花梅瓣，較為規範。（葛偉文供照）

華帝 水仙瓣花，頗有幾分龍字的韻味。（胡華定蒔養）

春劍梅瓣 梅瓣，花質晶瑩剔透。（林曉風拍攝）

天府荷 荷瓣。萼片幾乎呈圓形，主萼片往前蓋；大圓舌。（天府蘭園蒔養）

玉龍春曉 水仙瓣花，花色紅中泛綠。（唐傑華拍攝）

紅星大荷 荷瓣。綠花帶紅筋紅暈。（胡華仙蒔養）

天府紅梅 捧瓣起兜，萼片收根放角，可視為荷形梅瓣。（天府蘭園蒔養）

天府神梅 綠花梅瓣，堪稱春劍梅瓣典範。（天府蘭園蒔養）

新品梅瓣 較規範的梅瓣。（袁慎先蒔養）

三星梅 綠花梅瓣。（陳少敏蒔養）

蜀梅 梅形花，紅綠複色。（林水蘭拍攝）

中華龍梅 梅瓣奇花，為花雙藝品。捧瓣蕊柱化，且與蕊柱合為一體；舌瓣亦蕊柱化，但還殘留舌瓣形態與紅斑。（陳少敏等蒔養）

春劍水仙 水仙瓣花，花色綠中泛紅。（伍志宏蒔養）

春劍荷瓣新品 荷瓣。黃綠花被佈滿紅線。（天府蘭園蒔養）

二 素心、色花

血莛春劍 全花為血紅色。（何咸陽蒔養）

霓裳 花黃色帶紫紅覆輪，色彩華麗。（胡華定蒔養）

彩星 花色白中略帶黃，萼片及捧瓣內面具紅色斑線。（唐傑華拍攝）

隆昌素 隆昌軟葉春劍素的簡稱。傳統名品，為川蘭五大名花之一。產於四川隆昌縣隆關山脈一帶，故名。萼片淡青綠色，捧瓣白色，舌乳黃。（張秋生拍攝）

黃蛾 黃白素花。（伍志宏蒔養）

綠寶石 花朵及苞衣、莖稈均翠綠透亮，為高品位素花。（張秋生拍攝）

春劍素 全花嫩綠色。（唐傑華拍攝）

荷形銀稈素 翠綠色荷形花，白舌。（唐傑華拍攝）

銀稈素 民國初年下山於四川。全素花，莖稈、苞衣亦晶瑩剔透，故名。為川蘭五大名花之一。

陽春白雪 白素花，秀雅清麗。（伍志宏蒔養）

西蜀道光 因產於道教發祥地青城山而得名。另有一說，因栽培於清道光年間而得名。牙黃色素花。為川蘭五大名花之首。

春劍紅舌 花綠色，布紅脈紋。舌瓣深紅，鑲白邊。（唐傑華拍攝）

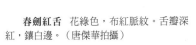

通海劍蘭 產於雲南玉溪通海。植株高大，葉片束生且直立。花色有多種，也有素心品。為滇蘭四大名花之一。

天府素梅 梅形黃素花，為高品位春劍素花。（天府蘭園蒔養）

春劍紅舌水仙瓣 綠花布紅脈紋，舌瓣具深紅色心形斑塊。（張秋生拍攝）

皇冠 大荷形複色花。（張秋生蒔養）

春劍壽桃瓣 花色潤白如玉，萼片壽桃形。（張秋生拍攝）

紫衣仙子 花青黃色，帶紫色覆輪。（胡華仙蒔養）

笑春風 花大，胭脂紅色花。（伍志宏蒔養）

彩花覆輪 花紅色，鑲白邊。（唐傑華拍攝）

金龍紅梅 紅綠複色花。（唐傑華拍攝）

春劍複色花 紅綠色花，稍鑲白邊。（張秋生拍攝）

春劍複色花 花被粉紅色，鑲白爪。（張秋生拍攝）

春劍色花 舌瓣深紅色，鑲白邊。（張秋生拍攝）

春劍大飛肩複色花 嫩綠花被前端鑲紫邊，色彩典雅。（李映龍蒔養）

春劍紫素 紫花白舌素花，中透葉藝，為花葉雙藝品。（陳少敏蒔養）

黃袍　花被合抱成團，黃花鑲紫紅邊，顯得富貴華麗。（天府蘭園蒔養）

花花公子　黃花鑲紫邊，為複色花。（天府蘭園蒔養）

春劍複色新品　黃花鑲紫紅邊。全花呈小鳥振翅飛翔狀，頗有趣味。（天府蘭園蒔養）

 二　蝶花、奇花、葉藝

紅荷蝶　粉紅色荷形蝶花。（伍志宏蒔養）

奇花春劍　多瓣奇花，紅黃複色。（葛偉文拍攝）

虎耳蝶 春劍三星蝶珍稀品。（陳少敏等蒔養）

彭州三星蝶 捧瓣蝶化，為三星蝶。（袁慎先蒔養）

華仙蝶 萼片蝶化近一半。花色桃紅，舌瓣與萼片蝶化部分
白中綴紅點，豔麗奪目。（袁慎先蒔養）

錦華蝶 側萼片蝶化約一半。（天府蘭園蒔養）

春劍中斑藝 春劍葉藝蘭，藝體明麗。（陳少敏等蒔養）

春劍奇花素心 捧瓣、舌瓣萼片化，全花白色。（唐傑華拍攝）

五彩麒麟 多瓣多舌蝶化奇花。（袁慎先等蒔養）

紅金獅蝶 多瓣多舌多蕊柱蝶化奇花。（袁慎先蒔養）

古今蘭花名品

慶華梅 江浙蕙蘭新八種之一。民國初年，浙江紹興人車慶選於華興旅館，故名。綠蕙梅瓣花。萼片收根、圓頭、緊邊，蠶蛾捧，大如意舌。花質厚。（劉玉如拍攝）

榮梅 又叫「錫頂」。江浙蕙蘭新八種之一。1909年，由無錫榮文卿選育。赤轉綠梅瓣。萼片長腳、圓頭、瓣厚，半硬捧，圓舌。（諸偉祥供照）

鄭孝荷 赤蕙名品。花大出架。萼片收根放角，一字肩；大劉海舌。

仙綠 又叫「後上海梅」、「宜興梅」。民國初年，選育於江蘇宜興。花形與上海梅相似。梅形水仙瓣。萼片狹長、圓頭，羊角兜捧心，舌長不捲。（諸偉祥供照）

大一品 江浙蕙蘭老八種之一。清乾隆末年至嘉慶初年，產於浙江富陽山。綠蕙名品。萼片荷形，捧瓣起兜，大如意舌。為蕙蘭荷形水仙瓣之典範。（林麗拍攝）

解佩梅 萼片圓頭、緊邊，白玉捧心，大如意舌。花色嫩綠。（諸偉祥供照）

翠定荷素 選育歷史不詳。黃綠素花。萼片竹葉瓣，捧瓣尖長，大捲舌。（諸偉祥供照）

適圓 又叫「敵圓」。選育歷史不詳。萼片短圓，頂部帶尖鋒；蠶蛾捧，如意舌。花形與關頂相似，只是舌瓣沒有關頂大，也沒有那麼圓。（諸偉祥供照）

海鷗 民國時由無錫沈淵如選育。萼片長闊，初放蕊舒瓣時，兩側萼片呈飄飛狀，似海鷗展翅；淺兜軟捧，大劉海舌。（諸偉祥供照）

宜興蕙梅 又叫荊溪梅。赤轉綠殼梅瓣。萼片長腳、圓頭，主萼片呈上蓋狀。蠶蛾捧，如意舌。（葛偉文蒔養）

虞山梅 民國時，由浙江紹興王長友選育。萼片大圓頭，蠶蛾捧，如意舌。（諸偉祥供照）

金奧秘素 又叫「泰素」。清道光年間，產於浙江餘姚金奧山中。萼片荷形，蚌殼捧，大捲舌。舌瓣苔色全綠。為蕙素典範。（諸偉祥供照）

金君荷 萼片短圓，捧瓣合抱蕊柱，舌圓闊。
（潘金輝蒔養）

薰梅 萼片長腳、圓頭，平肩；捧瓣起兜，大如意舌。
（潘新仁蒔養）

紅運荷 黃花紅舌，捧瓣內側面亦為
紅色，色彩豔麗。（葛偉文蒔養）

普欽素 綠花，綠稈，綠苔，素心。
（鄭普法、楊賢明蒔養）

文秀仙子 花黃白色，白舌灑鮮紅
斑。（葛偉文選育）

蕙荷素 綠花白舌，肩姿稍呈飛肩狀。
（潘金輝蒔養）

多姿多彩 蝶花。花瓣形態多姿，色彩斑斕。
（林麗拍攝）

蕙鼎梅 梅瓣。（楊賢明供照）

文秀荷 赤蕙荷瓣。萼片短闊，似端秀荷；蚌殼捧，大圓舌。（葛偉文選育）

蕙素　綠色花，綠黃舌，舌基泛白暈。（劉玉如拍攝）

蕙蘭新梅　萼片長腳、圓頭，半硬捧，分頭合背，如意舌。
（潘金輝蒔養）

蕙蘭紅舌　五瓣為竹葉瓣，大捲舌紫紅色。（諸偉祥供照）

蕙素 全花黃綠色，清新淡雅。（林東拍攝）

蕙彩荷 萼片收根放角，蚌殼捧，大捲舌。綠花泛紅暈。
（潘金輝蒔養）

素心新品 嫩綠色素花。（潘金輝蒔養）

素蕙 全花翠綠色。（劉玉如拍攝）

黃龍蝶　花色金黃，側萼片蝶化約一半。（諸偉祥供照）

蕙蘭新外蝶　萼片蝶化。（劉玉如拍攝）

蕙蘭外蝶　側萼片蝶化。（葛偉文供照）

蕙蘭捧心蝶　花黃色，捧瓣蝶化。（陳少敏蒔養）

菊水仙 多瓣多舌奇花。（陳少敏等蒔養）

神州素奇 多瓣奇花，且為素花，為花雙藝品。（陳少敏蒔養）

蕙蝶 捧瓣蝶化。（沈榮拍攝）

文秀牡丹 多瓣多舌帶蝶奇花。（葛偉文供照）

寧波喜菊 多瓣多舌奇花。（陳少敏等蒔養）

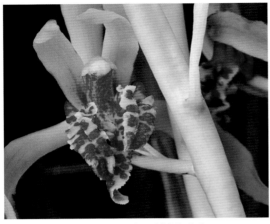

三舌奇花 捧瓣萼片化，三舌。（黃振紅蒔養）

雙舌奇花 捧瓣萼片化，雙舌。（黃振紅蒔養）

複色玉蘭 捧瓣、唇瓣萼片化，花形似玉蘭花，綠花鑲白覆輪。（潘金輝蒔養）

九州綠球 多瓣多舌奇花。（陳少敏等蒔養）

蕙蘭縞草 葉片中透藝。（沈榮拍攝）

千手觀音 多瓣奇花，黃綠素花。
（陳少敏等蒔養）

天驕牡丹 多瓣多舌奇花。（黃振紅蒔養）

遠東麒麟 多瓣多舌奇花，氣勢不凡。（陳少敏等蒔養）

金碧輝煌 花被鑲金黃覆輪，葉亦有金邊，為花葉多藝品。（葛偉文蒔養）

錦繡世紀 花瓣鑲金嘴，葉具覆輪藝。（楊賢明供照）

四喜牡丹 多瓣多舌奇花。（黃振紅蒔養）

雁歸來 捧瓣似與蕊柱合為一體，平肩；主瓣呈蓋帽狀，瓣端前折，形似鳥嘴。（葛偉文選育）

多瓣新品 多瓣蝶化奇花。（潘金輝蒔養）

中透水晶矮種 葉質增厚，集三種藝向於一體。（葛偉文選育）

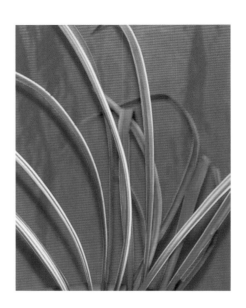

蕙蘭縞藝 葉片中斑藝，尚有進化可能。（葛偉文蒔養）

晚霞 花色粉紅，具深紅細斑線。（王仲琳蒔養）

武平新素 素心新品，綠花淨白舌，有的變異為多瓣多舌，但不穩定。（王仲琳蒔養）

寶島胭脂 產於台灣。花色胭脂紅。（劉一寧拍攝）

紅花四季蘭 花色鮮紅。（王仲琳蒔養）

高山四季蘭 花紅色，荷形。（潘頌和蒔養）

紅玉　花淡黃綠色；唇瓣胭脂紅色，無雜色斑點。（伍志宏蒔養）

市長紅　台灣色花名品，花色桃紅，豔麗動人。（林曉風蒔養）

一品梅　花黃綠色，梅瓣。外瓣長腳，收根放角。（陳少敏蒔養）

（二）蝶花、奇花、葉藝

四季新品　花中出花，為多瓣多舌多蕊柱奇花。

寶島仙女　台灣產建蘭三星蝶名品。

遠東星蝶　葉片縞藝，花為三星蝶，為花葉雙藝品。（陳少敏蒔養）

遠東牡丹 多瓣蝶化奇花。
（陳少敏蒔養）

蜀蝶 產於四川，側萼片蝶化。
（伍志宏蒔養）

蝶花新品 側萼片蝶化約一半。
（陳少敏蒔養）

峨眉雪 綠覆輪水晶素花，葉片具覆輪藝
等多種藝向。（陳少敏蒔養）

飛天樂 花被狹長，雪白花中央具紅
斑紅筋。（王仲琳蒔養）

吻 花被厚質、翻捲，質如羊脂
白玉，舌鮮紅。（王仲琳蒔養）

晶龍奇蝶 水晶葉藝，開三星蝶
花。（陳少敏等蒔養）

菊香蝶 多瓣多舌多蕊柱蝶化奇花，似菊花競放。

副瓣蝶 副瓣蝶化，花色金黃。（伍志宏蒔養）

輝煌奇蝶 樹形多瓣奇花，且部分花瓣蝶化。（陳少敏蒔養）

小桃紅 葉具黃爪藝，花為普通彩心花。（劉一寧拍攝）

彩玉蘭 萼片向前呈拱抱狀，捧瓣直立，花形似玉蘭花。（王仲琳蒔養）

紫菊 花被與舌狹長，花色紫紅，花質帶水晶，似紫菊盛開。（李正宣蒔養）

鳳 建蘭傳統名品大鳳素進化黃斑縞藝。（陳化拍攝）

金絲馬尾爪 建蘭傳統經典花葉雙藝名品金絲馬尾，出爪藝。
（劉一寧拍攝）

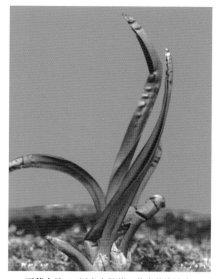

夏蘭水晶 四川產水晶蘭。葉尖葉緣鑲水晶，葉片肥厚，株形矮化。（伍志宏蒔養）

福隆 建蘭葉藝名品。葉片較肥闊、濃綠，具中斑藝、中透藝。
（林東拍攝）

寶島奇蝶 台灣產多瓣蝶化奇花。
（陳少敏蒔養）

建蘭新品 葉具覆輪藝、斑縞藝。（林東拍攝）

龍飛鳳舞 建蘭水晶藝名品，為鳳型。
（陳少敏蒔養）

斑縞藝鐵骨素 傳統名品鐵骨素出斑縞藝。（陳少敏蒔養）

四季水晶 葉上部葉緣及葉尖部帶水晶。（陳少敏蒔養）

建蘭水晶 鳳型水晶藝。（陳新拍攝）

胡氏雙藝 花葉均具中透藝，為花葉雙藝品。（胡華仙蒔養）

一 瓣型花、素心、色花

桃姬 台灣色花經典名品。花桃紅，嬌豔可人。（林海拍攝）

十八嬌 荷形花，色紫紅，每葶常開 18 朵花，故名。（林海拍攝）

新娘 產於台灣，紅色花。

龍梅 荷形花。（李清松拍攝）

笑玉 紫紅花，桃腮黃舌，花色典雅。

闽南大梅 墨蘭梅瓣新品，瓣形端莊。（劉勇勝拍攝）

富貴紅 產於台灣，紅色花。（陳少敏等蒔養）

櫻姬 與桃姬齊名。花色紅中帶紫。
（劉一寧拍攝）

玉妃 花白色，略帶紅色。花及花柄、花莖均具透明質感，冰肌玉骨。（林海拍攝）

復興寶 黃綠素花，葉具斑縞藝。
（李清松拍攝）

二　蝶花、奇花

龍泉蝶　側萼片蝶化。捧瓣較長、外張，與主萼片相似。（陳少敏蒔養）

神州奇　花呈樹枝狀開出，花多瓣。（林海拍攝）

馥翠　台灣墨蘭三星蝶名品。花朝天開，捧瓣蝶化似舌瓣。（林海拍攝）

玉蘭冠　多瓣素心奇花。捧瓣、舌瓣萼片化。花色青黃，帶綠嘴。（林海拍攝）

花溪荷蝶　花金黃色，側萼片蝶化。（陳少敏蒔養）

綠雲 台灣奇花名品。多瓣素花，蕊柱及舌瓣呈臥蠶狀。（林海拍攝）

大屯麒麟 多瓣多舌奇花，花瓣常多達二三十枚。（何清日拍攝）

玉獅子 多瓣多舌多鼻奇花。蕊柱多且外露，舌瓣少有紅斑，可作為識別特徵。

寶島奇 台灣產多瓣多舌奇花，花色斑斕。（陳少敏等蒔養）

華光蝶 台灣墨蘭蝶花名品。側萼片蝶化約一半。（林海拍攝）

三 葉藝、株藝

白爪富貴 墨蘭荷瓣名花富貴出白爪葉藝，為葉雙藝品。

玉妃冠 台灣色花名品玉妃出冠藝，藝色清麗。（陳少敏蒔養）

白玉素錦 白素花，葉出白中透藝、白中斑藝、養老藝等藝向。
（陳少敏蒔養）

日向 白覆輪藝。（林東拍攝）

白爪國香牡丹 墨蘭奇花國香牡丹出白爪葉藝。

縞藝大屯麒麟 台灣奇花名品大屯麒麟出縞藝,為花葉雙
藝品。(陳少敏蒔養)

陽明錦 台灣色花名品,葉出斑縞藝、中斑藝。(何清日拍攝)

瑞玉 葉藝經典名品,白中斑藝。

芙蓉 黃中透藝。（江大平拍攝）

大石門 葉藝經典名品。白中斑縞藝，有的帶中透藝。
（江大平拍攝）

金如意 色花名品金鳥出葉藝。（林東拍攝）

白龍 墨蘭葉藝名品，瑞玉藝。

瑞寶 黃白色虎斑藝，藝色較穩定。

萬代福 葉藝經典名品，黃色或白色斑縞藝。
（江大平拍攝）

長崎大勳 大鳥嘴藝、斑縞藝。（林東拍攝）

龍鳳冠 龍鳳呈祥進化品，有白斑縞藝、中透藝、
冠藝等，為爪藝龍鳳之統稱。

桑原晃 立葉，葉肥厚，縞藝。

養老之松 養老進化品，深黃中透藝，背骨透亮，
成株後藝色變成白黃。

聖紀晃 葉上有黃色胡麻斑紋，紺帽。（劉豐拍攝）

養老冠 養老進化品，冠藝。

黃道冠 黃道進化冠藝。（江大平拍攝）

愛國 白中斑藝，呈現青苔斑藝。

金玉滿堂 中透縞藝，藝性變化豐富。

龍鳳呈祥 中斑縞藝，藝性變化豐富。

旭晃錦 旭晃進化品，細斑縞藝。

招財進寶 葉深綠色，白色爪藝。

翡翠玉 原名「泗港水」。白中斑縞藝。（江大平拍攝）

鶴之華 轉色鶴藝，其藝性為隨著葉片的生長而逐漸轉變藝色。（陳支斌拍攝）

花王錦 玉妃進化藝，葉面具乳白色縞線。

虎斑荷瓣 葉虎斑藝，花荷形。

（陳支斌拍攝）

長榮 植株矮小，葉片具中斑縞藝，為株藝、葉
藝雙藝品。

達摩十公 達摩白爪藝。因早期為 10 個栽培者共有而得名。

文山佳龍 葉質肥厚，虯蟠似龍，花聚生一團。
（江大平拍攝）

臥虎藏龍 台灣墨蘭葉藝名品，虎斑藝。

鳳來朝 水晶聚積於葉尖部，為鳳型水晶藝。（江大平拍攝）

達摩白中斑藝 達摩進化出白中斑藝。

瑞晃　瑞玉進化品，白中透藝。

達摩中透藝　達摩出中透藝。

達摩斑縞　達摩進化斑縞藝。

達摩鶴藝　達摩進化鶴藝。

達摩爪斑縞　達摩進化爪斑縞藝。

第8章 | 寒蘭名品

一 素心、色花

寒香素 綠黃色素花。（江大平拍攝）

紅花桃腮素 紅花白舌，舌根紅色。（潘頌和蒔養）

寒蘭色花 下山新品，紫紅色花。（江大平拍攝）

冰心 花被鑲白覆輪。（王仲琳蒔養）

狀元紅 紅色花。（潘頌和蒔養）

神韻 玉霞（寒蘭縞花桃腮素）變種。平肩，捧瓣具白覆輪，桃腮素。（潘頌和蒔養）

紅絲燕 花色黃紅。（王仲琳蒔養）

黃玉 紫紅色花，白舌，桃腮素。（潘頌和蒔養）

蘭寶 花被具白爪。捧瓣大且合抱，舌瓣亦大，後捲。
（王仲琳蒔養）

鉤舌黃 黃花，舌尖呈鉤狀。（王仲琳蒔養）

嫩綠素 嫩綠色素花。（潘頌和蒔養）

一舉飛 紫綠色花，花形活潑。（潘頌和蒔養）

荷形桃腮素 捧瓣密抱蕊柱，頗有荷瓣韻味。舌白，根部有紅斑。（潘頌和蒔養）

雪中紅 舌瓣鮮紅，具白覆輪或白爪，為寒蘭稀有品。

（陳少敏等蒔養）

紅蝠 花色桃紅，花被縱向布數條深色的斑線。

（王仲琳蒔養）

南飛雁 萼片基部紅色、上部綠色，側萼片上翹，呈鳥飛翔狀。（王仲琳蒔養）

智者 花及花葶均為深紫色。（潘頌和蒔養）

金丹 捧瓣鑲白覆輪，大捲上灑許多紅斑點。
（王仲琳蒔養）

楊貴妃 萼片、捧瓣具白覆輪藝。舌瓣大，中央密佈紅斑，瓣緣為白色。（葛偉文蒔養）

紅蟻 翠綠花白覆輪，清雅可人。（王仲琳蒔養）

騰飛 花被鑲白覆輪，飛肩，花形似小鳥振翅衝向藍天。
（潘頌和蒔養）

寒蘭金玉滿堂 葉具中斑藝、覆輪藝等多種藝性。

寒蘭花葉覆輪 花葉均具覆輪藝，為花葉雙藝品。（劉豐拍攝）

寒蘭大覆輪 葉具大覆輪。（江大平拍攝）

葉藝新品 葉具中透藝。（潘頌和蒔養）

寒蘭三星蝶 捧瓣完全蝶化，為三星蝶。（陳少敏蒔養）

五代同堂 奇花，輪生花序，花葶每節聚生數枚花苞，接連開花。（潘頌和蒔養）

青花梅 花色翠綠，捧瓣起兜增厚，舌瓣小，頗有梅瓣之韻味。（陳少敏蒔養）

新寒梅 捧瓣起兜增厚，拱抱蕊柱，舌瓣小。（潘頌和蒔養）

小彩荷 荷形花，紅綠複色。（潘頌和蒔養）

寒蘭斑縞 葉具斑縞藝。（劉玉如拍攝）

綠荷 五瓣較短闊，捧瓣合抱蕊柱，舌圓大。
（潘頌和蒔養）

綠寶 葉具中透藝。（劉玉如拍攝）

金蝶 萼片具白覆輪，捧瓣水晶覆輪，為寒蘭珍品。（王仲琳蒔養）

古今蘭花名品

千禧之光 黃中透藝。（瞿家椿、何咸陽蒔養）

花色深紅，唇瓣色稍深、基部鑲兩黃色塊。

花色潔白，唇瓣紫紅、基部為黃色。

　花色桃紅，花瓣缺裂較大，唇瓣瓣緣亦為桃紅、中央為深紅色、下部兩側鑲較小黃色塊。

一　卡特蘭

花紅色，唇瓣深紅色、基部鑲兩黃色塊。

花色純黃，唇瓣玫瑰紅、基部鑲兩黃色塊。　　　　　花色金黃，唇瓣上部紅色，鑲金黃色邊。

萼片黃色，花瓣下部黃色、上部深紅色，唇瓣上部深紅、基部黃色。

花黃色，唇瓣紅黃色。

全花素黃。

花色黃綠,唇瓣桃紅。

花色嫩綠,唇瓣頂部鑲一紅暈色塊。

花色純黃,唇瓣深紅色。

花白色，唇瓣基部黃色。

花色粉紅，唇瓣深紅、基部鑲兩黃色塊。

花色粉紅、桃紅、玫瑰紅，交相輝映。

花紅色，唇瓣深紫紅。

花紅色，唇瓣基部玫瑰紅、中部黃色。

花色淡紫，唇瓣頂部鑲一深紫紅色塊。

花粉色，唇瓣基部鑲黃色塊。

花色鮮紅，豔若桃花。

花色雪白，花被頂部有一鮮紅縱脈，唇瓣紫紅、基部黃色。　　　　　　　花色純黃，唇瓣基部黃色、上部紅色。

花色金黃，唇瓣頂部鑲一醒目的紅斑。

花色粉紅，灑深紅斑點。

花色純黃，唇瓣紅色、基部鑲兩近圓形黃色塊。

花色鮮紅，唇瓣缺裂大、基部鑲黃色塊。

紅花，唇瓣基部有放射狀黑斑紋。

花色素黃。

花色金黃，布深紅脈紋及斑點。

白花灑紅斑點。

白花，布鮮紅脈紋，瓣緣尤多。

花紅白兩色，色彩斑斕。

花色素白。

古今蘭花名品

花色粉紅，布深紅脈紋。

黃花灑紅斑點。

花白色，密佈紅斑。

花色紫紅，花被基部白色。

花色紫紅，花被尤其捧瓣具白覆輪，灑紫紅斑。

花中央紅色，瓣緣白色、密佈紅斑。

紅花鑲大白覆輪。

白花佈滿紅斑。

黃花灑紅斑。

綠花，白唇瓣頂部近瓣緣處鑲V形紅斑。

花胭脂紅色，唇瓣頂部鑲紅斑。

全花金黃，華麗動人。

五瓣翠綠，唇瓣黃色。

花黃底，密灑紅斑，唇瓣基部桃紅色、上部黃色。

六 其他

石斛，全花深紅色。

萬代蘭，花紫紅，鑲白覆輪。

石斛，花萼片白底帶紅暈，花瓣及唇瓣除基部外，其餘部分為深紅色。

樹蘭，花色桃紅，嫵媚動人。

石斛，花紅色，密佈脈紋。

瑪凱蘭，花色粉紅，唇瓣碩大、灑紅斑。 石斛，花白色，花瓣及唇瓣鑲綠邊。

天鵝蘭，黃綠素花。 天鵝蘭，綠花灑細褐花斑，大唇瓣黃色。

大展好書　好書大展
品嘗好書　冠群可期

大展好書　好書大展
品嘗好書　冠群可期